Franziska Noltenius

"Lost and Found" – eine kritische Analyse der Unterrichtsaufgaben zu einem Film für den Geographieunterricht

GRIN Verlag

Bibliografische Information der Deutschen Nationalbibliothek:

Die Deutsche Bibliothek verzeichnet diese Publikation in der Deutschen National-
bibliografie; detaillierte bibliografische Daten sind im Internet über http://dnb.d-
nb.de/ abrufbar.

Impressum:

Copyright © 2007 GRIN Verlag GmbH
Druck und Bindung: Books on Demand GmbH, Norderstedt Germany
ISBN: 978-3-638-94539-4

Dieses Buch bei GRIN:

http://www.grin.com/de/e-book/90867/lost-and-found-eine-kritische-analyse-der-
unterrichtsaufgaben-zu-einem

„Lost and Found" – eine kritische Analyse der Unterrichtsaufgaben zu einem Film für den Geographieunterricht

Eingereicht von: Franziska Noltenius

Universität Bremen
Seminar: Methoden des Geographieunterrichts: von Filmen lernen
WS 2006/ 2007

Inhaltsverzeichnis

Inhaltsverzeichnis *2*

1. *Einleitung* *3*

2. *Filmbeschreibung* *3*

3. *Armut in Indien* *4*

4. *Filmeinsatz im Geographieunterricht* *6*

5. *Unterrichtsaufgaben* *7*

   5.1 Kurzbeschreibung der Aufgaben **7**
   5.1.1 Einführung 7
   5.1.2 Visionieren 7
   5.1.3 Erste Eindrücke sammeln 8
   5.1.4 Rollenspiel 8
   5.1.5 Auswertung Rollenspiel 8
   5.1.6 Hintergrundwissen erarbeiten 8

   5.2 Bewertung der Aufgaben **9**
   5.2.1 Bewertungskriterien 9
   5.2.2 Bewertung auf Grundlage der entwickelten Kriterien 11

6. *Alternative Unterrichtsaufgaben* *15*

   6.1 Einführung **15**

   6.2 Filmbetrachtung **15**

   6.3 Unterbrechung des Films **15**

   6.4 Brainwriting **16**

   6.5 Übertragung auf die eigene Kindheit - Hausaufgaben **17**

   6.6 Weitere Themen **17**

7. *Fazit* *18*

Literaturverzeichnis *19*

Anmerkung der Autorin *21*

Anhang *22*

1. Einleitung

Indien – Land der Gegensätze und Paradebeispiel für Armut, Polarisierung, Ungleichheit und Kinderarbeit. So erheben auch der Film „Die verlorene Brieftasche. Lost and Found" sowie die beigefügten Unterrichtsmaterialien den Anspruch, die Problematik der Kinderarbeit zu thematisieren und die Schülerinnen und Schüler zu einer Auseinandersetzung mit dieser Problematik anzuregen. Aber ist Kinderarbeit das Hauptthema des Films? Wird nicht vielmehr die Überheblichkeit der Erwachsenen gegenüber den Kindern in den Vordergrund gestellt? Warum also beziehen sich die Unterrichtsvorschläge hauptsächlich auf Kinderarbeit und nicht auf das Verhältnis zwischen Erwachsenen und Kindern bzw. zwischen der armen und der reichen Bevölkerungsschicht? Die vorliegende Hausarbeit analysiert die von der Fachstelle „Filme für eine Welt" (Hrsg.) erstellten Unterrichtsvorschläge und hinterfragt ihre Anwendbarkeit für den Geographieunterricht. Zudem werden Alternativvorschläge entwickelt, die gegebenenfalls besser geeignet sind, den Schülerinnen und Schülern das Hauptanliegen sowie weitere Themen des Films zu vermitteln.

2. Filmbeschreibung

Die Hauptperson des Films „Die verlorene Brieftasche – Lost and Found" ist Munna, ein Junge, der durch Schuhe putzen etwas zum Familieneinkommen beiträgt. Nachdem er einem, in einer Limousine vorgefahrenem, Kunden die Schuhe geputzt hat, fällt ihm die von diesem reichen Mann verlorene Brieftasche vor seinem Arbeitsplatz auf. Ein anderer Junge, der ebenso Geld durch Schuhputzen verdient, rät ihm ab, die Brieftasche zurückzubringen, da er dann wohl als Dieb verleumdet werden würde. Dessen ungeachtet entscheidet sich Munna dazu, die Geldbörse seinem rechtmäßigen Besitzer zu überbringen. Auf der Suche nach dem reichen Mann wird ihm von Seiten der Erwachsenen viel Misstrauen entgegengebracht. So wird er stets herablassend behandelt und, wie der andere Junge schon vermutete, auch kritisch beäugt. Auf seinem Abenteuer trifft er unter anderem auf den Pförtner des Hauses, in dem der Brieftaschenbesitzer wohnt, dessen Haushälterin, einen korrupten Polizisten, der augenscheinlich das Portmonee selbst behalten will, einen Gauner, der beabsichtigt, ihm das Geld abzunehmen, sowie auf zwei Mörder, in dessen Kofferraum sich eine Leiche befindet. Sogar im Elternhaus wird ihm Faulheit unterstellt, da er an diesem Arbeitstag zu wenig Geld verdient hat. Lediglich seine

Mutter nimmt ihn vor seinem Vater, wenn auch eher halbherzig, in Schutz. Am darauf folgenden Tag trifft Munna erneut auf den reichen Mann. Aufgrund seiner schlechten Erfahrungen mit der Erwachsenenwelt verneint er jedoch die Frage, ob er die Brieftasche gefunden habe. Nun verhält sich Munna in gleicher Weise wie sein, ebenfalls Schuhe putzender, Freund, der ihm anfangs abgeraten hat, die Fundsache zurückzubringen.

Zusammenfassend zeigt der Film, dass ein armer Junge in einem Dritte-Welt-Land gegenüber den Erwachsenen aller Schichten mit Vorurteilen und Desinteresse zu kämpfen hat. Die herablassenden Verhaltensweisen der Erwachsenen stehen jedoch nicht im direkten Zusammenhang mit dem Thema Kinderarbeit, was im Laufe der vorliegenden Arbeit noch deutlicher hervorgehoben wird. Zudem werden in den einzelnen Filmsequenzen weitere, in Indien vorherrschende, Probleme wie Korruption, Kriminalität und Armut thematisiert.

3. Armut in Indien

Der vorgestellte Film bzw. vor allem die beigefügten Materialien für den Unterricht thematisieren unter anderem die Armut breiter Bevölkerungsschichten sowie die Kinderarbeit in Indien. Im Folgenden werden einige Grundlagen zu dieser Thematik gegeben, um die anschließend erörterten Aufgabenstellungen sowie die entwickelten Alternativaufgaben in einen fachlichen Rahmen zu setzen. Zudem wird ein Einblick auf die anderen in dem Film thematisierten Problembereiche gegeben, um mögliche Potenziale zur Weiterarbeit im Unterricht zu erschließen.

Indien wird seit Ende des 20. Jahrhunderts weltweit als ernstzunehmender Wettbewerber unter anderem auf dem IT-Markt gesehen. Wirtschaftswachstumsraten von etwa sechs Prozent konnten in den letzten Jahren vornehmlich aufgrund der Konzentration auf diese Branche erreicht werden. Indien setzt auf „brain power" um auf dem Weltmarkt zu bestehen, was Zahlen wie über drei Millionen Hochschulabsolventen und weitere über 250.000 ausgebildete Computerexperten jährlich eindrucksvoll untermauern (vgl. BOHLE 2004, S. 3). Demgegenüber steht die Schilderung WAMSERS (2005, S. 33), dass Büroangestellte trotz, für indische Verhältnisse, guter Bezahlung beispielsweise in Mumbai in Marginalsiedlungen „hausen" müssen. Entgegen der, vor allem auch in den Medien beschriebenen, inzwischen immer positiveren Entwicklungen Indiens, hat das Land nach wie vor mit zum Teil dramatischen Armutsproblemen zu kämpfen. Besonders problematisch erscheint hierbei die prekäre Wohnungsmarktsituation, insbesondere in den Großstädten. Aufgrund der starken Land-Stadt-Migration stoßen Megastädte wie Mumbai unter anderem in Sachen Wohnraum an ihre Grenzen. Folge dessen sind weit verbreitete Marginalsiedlungen mit schlechter struktureller Ausstattung: oftmals fehlen Strom- und Wasseranschlüsse, befestigte Straßen etc.. Diese behelfsmäßigen Unterkünfte werden zudem nicht selten durch so genannte „Slum Lords" beherrscht, die von den Bewohnern Schutzgelder bzw. unrechtmäßige Mieten einfordern (WAMSER 2005, S. 32 f.). Anders als vermutet lebt in den Squattersiedlungen der indischen Großstädte aber nicht nur die Bevölkerung der Unterschicht. Durch die „starke Nachfrage nach günstigem Wohnraum steigen die Preise in diesem Segment weiter" (DITTRICH 2003, S. 42). Aus dem Grund weichen inzwischen immer mehr Zugehörige der unteren Mittelschicht in die Marginalsiedlungen aus. Die ursprünglichen Bewohner hingegen werden in die, vom Stadtzentrum und somit auch vom Arbeitsmarkt weit entfernten, Slums verdrängt, in denen sich die infrastrukturelle Situation noch dramatischer ausgestaltet: Analphabetismus, Arbeitslosigkeit, Drogenmissbrauch, Hunger und (Infektions-)Krankheiten sind alltägliche Probleme, mit denen die Slumbewohner zu kämpfen haben (DITTRICH 2003, S. 42 f.). Ausgeprägte Einkommensdisparitäten sind in Indien also nicht nur im Stadt-Land-Vergleich anzutreffen sondern auch in den, teilweise in hohem Grade entwickelten und fortschrittlichen, Großstädten präsent (BRONGER 1996, S. 105 f.). Die vom Arbeitsmarkt abgedrängten und meist in den Marginalsiedlungen lebenden Bevölkerungsschichten sichern ihre Existenz durch Bettlerei oder Arbeiten im informellen Sektor. Neben den Hindernissen in diesem Arbeitsmarktsegment, wie zum Beispiel hoher Konkurrenz, gestaltet sich auch das Leben im Alter als schwierig. Programme zur Sozialen Absicherung (→ Stichwort Pensionszahlungen und ähnliches) greifen bei dieser Gruppe nicht oder nur in sehr geringem Maße (vgl. dazu WEBER 1995, S. 170 f.). In diesem Faktum ist auch mit ein Grund für die hohe Geburtenrate Indiens zu sehen: neben dem religiösen Motiv, dass Kinder im Hinduismus als höchster Segen gelten, stellen sie unabkömmliche Arbeitskräfte für das Leben und die Altersvorsorge der Eltern dar. An dem Kinderreichtum vor allem ärmerer Bevölkerungsschichten wird sich zukünftig wohl erst dann etwas ändern, wenn eine gesetzliche Alterversorgung für die gesamte Bevölkerung eingeführt wird (DOMRÖS 2004, S. 35). Kinder in Indien arbeiten hauptsächlich, „um den Lebensunterhalt ihrer Familien zu sichern" (LIEBEL 2005, S.

41). Die Angaben zu den arbeitenden Kindern differieren oft stark. So geht die indische Regierung von etwa 20 Millionen Kinderarbeitern, die Gewerkschaft der arbeitenden Kinder in Karnataka/ Indien hingegen von 100 Millionen aus (vgl. LIEBEL 2001, S. 314). GRANER (2002, S. 21 f.) weist zudem darauf hin, dass die lokalen NGO´s oft dazu tendieren, die Fakten zu der Anzahl der Kinderarbeiter sowie zum durchschnittlichen Alter der Beschäftigungsaufnahme zu überhöhen. Neben dem humanitären Interesse für diese Dramatisierung der Zahlen sollte aber auch das (wirtschaftliche) Eigeninteresse dieser Organisationen nicht ausgeblendet werden, denn: „je größer die Missstände sind, desto größer ist der von ihnen zu organisierende und damit auch der (von Außen) zu finanzierende Handlungszwang" (GRANER 2002, S. 22).

4. Filmeinsatz im Geographieunterricht

Der Einsatz verschiedener Medien gestaltet den (Geographie-)Unterricht abwechslungsreich und kann ihn für die Schülerinnen und Schüler interessanter machen. Ein, in den letzten Jahren immer häufiger eingesetztes, Medium ist der Film. Filme dienen dabei als Ersatz für die Realbegegnung sowie zur Veranschaulichung dynamischer Prozesse und raumrelevanter Strukturen (LENZ 2004, S. 43). Man unterscheidet bei Filmen für den Unterricht in Lern- bzw. Wissensfilme und (narrative) Spielfilme (BEUSCHER u. a. 2005, S. 51). Der Unterschied zwischen beiden Filmarten liegt darin, dass ein Lernfilm oft erheblich zusammenhanglosere Szenen beinhaltet als ein narrativer Spielfilm. Untersuchungen haben ergeben, dass solche Wissensfilme im Vergleich zu Spielfilmen zu einer relativ schlechteren Rekonstruktionsleistung und einer „inkohärenteren Gedächtnisrepräsentation" bei den Schülerinnen und Schülern führen (ebd. S. 54). Spielfilme haben Sachfilmen gegenüber den Vorteil, dass die handelnden Hauptdarsteller des Films dazu beitragen, inhaltliche Schlussfolgerungen besser zu ziehen (ebd. S. 55). Auch beim hier betrachteten Film „Die verlorene Brieftasche – Lost and Found" handelt es sich um einen narrativen Spielfilm. Die Erinnerungsleistung der Schülerrinnen und Schüler an einzelne Filmsequenzen ist durch den Einsatz eines solchen Filmtyps größer als beispielsweise einem Lernfilm mit ähnlichen Inhalten.

5. Unterrichtsaufgaben

Im Folgenden werden die dem Film beigefügten Unterrichtsaufgaben zunächst beschrieben und anschließend im Hinblick auf ihre Unterrichtstauglichkeit bzw. ihre Eignung in Bezug auf den Film bewertet. Dabei wird auch Augenmerk darauf gelegt, ob sie im Rahmen der PISA-Diskussion Bestand haben oder diesbezüglich Mängel aufweisen. Auf die Analyse des Aufgabenteils „weiterführende Ideen" wird in dieser Hausarbeit verzichtet.

5.1 Kurzbeschreibung der Aufgaben

Nachfolgend werden die einzelnen vorgeschlagenen Methoden - ohne Wertung - kurz beschrieben, um die sich daran anschließenden Analyse und Bewertung besser nachvollziehen zu können. Die Beschreibung orientiert sich dabei an der in Anhang 1 abgebildeten Tabelle zur didaktischen Umsetzung.

5.1.1 Einführung

Vor Abspielen des Films wird dieser der Klasse durch die Lehrperson angekündigt und Indien geographisch eingeordnet. Zudem erfolgt das Zusammentragen von Vorwissen durch die Klasse oder die Lehrerin bzw. den Lehrer. Welches Vorwissen dabei genau abgefragt werden soll, wird nicht näher thematisiert. Für diese Einführung ist ein Zeitraum von circa 10 Minuten angesetzt.

5.1.2 Visionieren

Der Film wird nach der kurzen Einführung ohne Unterbrechung angesehen. Der Einsatz von Beobachtungsaufträgen soll die Wahrnehmung der Schülerinnen und Schüler steigern. Vorgeschlagene Beobachtungsaufträge sind:

- ✓ Wie Verhalten sich die Erwachsenen gegenüber Munna?
- ✓ Woran bemerkst du, dass der Film in Indien spielt?
- ✓ Wie werden Arm und Reich unterschieden?
- ✓ Wie ist die Kameraführung bei den Verfolgungsjagden, wo ist die Kamera?
- ✓ Wie unterstützt die Musik die Filmhandlung?

5.1.3 Erste Eindrücke sammeln

Ein Wandtafelgespräch soll es den Schülerinnen und Schülern ermöglichen, ihre ersten Eindrücke zum Film in Stichworten zu formulieren. Die von jeder Schülerin/ jedem Schüler an die Tafel geschriebenen Stichpunkte können von den übrigen Schülerinnen und Schülern kurz schriftlich, ebenfalls an der Tafel, kommentiert werden. Für diese erste Auseinandersetzung mit den Filminhalten sind 10 bis 15 Minuten angesetzt worden.

Als Alternative zu dem Wandtafelgespräch wird die mündliche Auswertung der Beobachtungsaufträge vorgeschlagen.

5.1.4 Rollenspiel

In einer Zeitspanne von 30 bis 45 Minuten spielen die Schülerinnen und Schüler in Zweiergruppen bestimmte Szenen des Films nach. Anschließend sollen für die entsprechende Filmszene eine andere Lösung, also ein anderer Ausgang der Situation, von den Gruppen entwickelt und gespielt werden.

5.1.5 Auswertung Rollenspiel

Für die Auswertung dieser Übung sind zwei Möglichkeiten, je nach Zeitbudget, angegeben: die Kurzfassung, für die 60 Minuten angedacht ist, zum einen und die ausführliche Auswertung (in zwei mal 45 Minuten) zum anderen. In der kürzeren Auswertung werden die von den Gruppen entwickelten alternativen Lösungsvorschläge sowie dabei empfundene Emotionen im Plenum vorgestellt. Die ausführliche Auswertung sieht das Vorspielen der Szenen von allen oder ausgewählten Gruppen vor. Daran anschließend sollen die „Schauspieler" ihre Gefühle schildern.

5.1.6 Hintergrundwissen erarbeiten

In der letzten Arbeitsphase, für die zwischen 45 und 60 Minuten angedacht sind, soll den Schülerinnen und Schülern Fachwissen zum Thema Kinderarbeit in südlichen Ländern vermittelt werden. Für dieses Ziel werden ein Lesetext (vgl. Anhang 2) und entsprechende Begleitfragen (vgl. Anhang 3) zur Verfügung gestellt.

5.2 Bewertung der Aufgaben

An die Beschreibung der vorgestellten Unterrichtsaufgaben anschließend wird nun eine Bewertung vorgenommen. Dabei werden unter anderem Anforderungen aus dem PISA-Konzept berücksichtigt.

5.2.1 Bewertungskriterien

Um die oben vorgestellten Unterrichtsaufgaben zu bewerten, empfiehlt es sich, einen „Kriterienkatalog" diesbezüglich zu entwickeln. Diese Kriterien orientieren sich an den Richtlinien von PISA sowie an, im Seminar „Methoden des Geographieunterrichts: von Filmen lernen" gesammelten, Argumenten zur Bewertung von Aufgabenstellungen. Der erste Prüfstein bezieht sich auf die drei Subskalen der Lesekompetenz der PISA-Studie: „Informationen ermitteln", „textbezogenes Interpretieren" sowie „Reflektieren und Bewerten". Die sich daran anschließenden Kriterien nehmen Bezug auf die im Seminar angesprochenen Kritikpunkte und gehen auch auf die nicht-textlichen Aufgaben ein.

5.2.1.1 Lesekompetenz

Die betrachtete (Text-)Aufgabe soll die Anforderung an die Schülerin/ den Schüler stellen, unabhängige Einzelinformationen aus dem Text herauszufinden. Entsprechend der fünf Kompetenzstufen nach PISA kann dies in Form der bloßen Ortung unabhängiger aber ausdrücklich angegebener Informationen (→ Kompetenzstufe I) bis hin zur geordneten Wiedergabe verschiedener, tief eingebetteter Informationen (→ Kompetenzstufe V) erfolgen (ARTELT 2001, S. 82 ff.). Die Kompetenzstufe III sollte dabei für die Sekundarstufe I, an die sich die vorgestellten Aufgaben richten, mindestens erreicht werden (LENZ 2003, S. 43). Für eine positive Bewertung der Aufgabe sollte sie neben der Vermittlung relevanter Fakten aber auch weniger bedeutsame Informationen enthalten, um die Schülerinnen und Schüler zu fordern, wesentliche von unwesentlichen Inhalten zu unterscheiden und die relevanten Angaben aus dem Text herauszufiltern (UHLENWINKEL 2005, S. 56). Für eine gute Bewertung sollte die Unterrichtsaufgabe zudem dazu beitragen, dass die Schülerinnen und Schüler ein allgemeines Verständnis des Textes entwickeln sowie eine textbezogene Interpretation vornehmen können (ARTELT 2001, S. 83). Des Weiteren ist es sinnvoll, wenn die Aufgabe sich nicht nur auf den Text selbst, sondern auch auf bereits bestehendes

Alltagswissen der Schülerinnen und Schüler bezieht. Dieses Vorwissen muss dabei nicht zwingend auf vorausgegangenen Unterrichtsstunden basieren (UHLENWINKEL 2005, S. 57).

5.2.1.2 Bezug zum Film

Die Analyse der beigefügten Unterrichtsmaterialien steht stets in enger Verbindung zum vorgestellten Film. So sollten auch die Aufgabenstellungen immer einen Bezug zu „Die verlorene Brieftasche - Lost and Found" haben. Zu sehr abweichende Unterrichtsaufgaben stellen die Methode des Filmeinsatzes zu sehr in den Hintergrund und eignen sich meines Erachtens weniger zur Weiterarbeit nach dem Ansehen des Films. Ein überspitztes Beispiel wäre: ein Film über Armut in einem asiatischen Land und eine anschließende Unterrichtsaufgabe zum Thema Polargebiete der Erde. Auch wenn solch extrem divergierende Aufgaben in der Realität sicher nicht gestellt werden, soll dieses Beispiel jedoch mein Anliegen, Film und Aufgaben eng miteinander verknüpft zu betrachten, verdeutlichen.

5.2.1.3 Methodenvielfalt

Das zum Abschluss der Bewertung zu betrachtende Kriterium ist die Methodenvielfalt. Diese Anforderung prüft zusammenfassend die vorgestellten Unterrichtsaufgaben.

Um die Schülerinnen und Schüler zu einer intensiven Auseinandersetzung mit der Thematik anzuregen, sollte bei der Wahl der Aufgaben darauf geachtet werden, verschiedene Methoden einzusetzen. Auch zur Leistungsbewertung empfiehlt es sich, vielseitige Aufgabenstellungen zu erarbeiten. LENZ (2003, S. 44) führt in diesem Zusammenhang folgende Punkte an:

- ✓ „Eine Mischung aus materialunabhängigen („textunabhängigen") und materialgebundenen („textgebundenen") Aufgaben ist anzustreben.
- ✓ Ein ausgewogenes Verhältnis von offenen und geschlossenen Aufgaben ist anzustreben.
- ✓ Geschlossene Aufgaben müssen mit trennscharfen Distraktoren konstruiert sein, damit (...) die Ratewahrscheinlichkeit minimiert wird."

Die Unterrichtsaufgaben sollten zudem die Forderungen von PISA berücksichtigen und auf das „selbstgesteuerte Lernen" setzen (BULLINGER u. a. 2002, S. 43).

5.2.2 Bewertung auf Grundlage der entwickelten Kriterien

Der entwickelte Kriterienkatalog mit den Prüfsteinen Lesekompetenz, Bezug zum Film und Methodenvielfalt wird im Folgenden auf die vorgestellten Unterrichtsaufgaben angewandt und mögliche Schwachstellen aufgezeigt. Alternative Gestaltungsmöglichkeiten der Aufgaben werden hierbei bereits angesprochen, im anschließenden Kapitel aber noch genauer ausgeführt.

5.2.2.1 Einführung

Der Bezug zum Film ist hier durch die Ankündigung von Seiten der Lehrperson gegeben. Ob die geographische Einordnung Indiens für die Inhalte des Films relevant ist, ist jedoch fraglich. Die Themen des Films beziehen sich nicht explizit auf Indien. Armut, Korruption, Kriminalität, Marginalsiedlungen, Kinderarbeit etc. sind in vielen Ländern anzutreffen und nicht speziell auf Indien zu betrachten.

Wie bereits ausgeführt, wird nicht deutlich gemacht, welches Vorwissen in der Klasse zusammengetragen werden soll. Da der Film diverse Themenbereiche anspricht, könnte meines Erachtens auf diesen Arbeitsschritt verzichtet werden.

Um die Schülerinnen und Schüler nicht schon vorab in eine bestimmte Richtung zu drängen, könnte auf eine Einführung gänzlich verzichtet und der Film sofort abgespielt werden. Jede Schülerin/ jeder Schüler hat so die Möglichkeit, „Die verlorene Brieftasche – Lost and Found" unvoreingenommen zu sehen. Eventuell ergeben sich dadurch In einem späteren Arbeitsschritt unerwartete und interessante Beiträge, die zu einer anregenden Gruppendiskussion führen können.

5.2.2.2 Visionieren

Auch Beobachtungsaufträge beeinflussen in gewisser Weise die Schülerinnen und Schüler in ihrer Wahrnehmung des Films. Werden sie dennoch gegeben, sollte auf die Auswahl der Aufträge geachtet werden.

Die Frage: „Woran bemerkst du, dass der Film in Indien spielt?" ist ohne vorherige Ankündigung durch die Lehrperson nicht zu lösen. Mögliche Schülerantworten wie: „Die Haushälterin hat einen roten Punkt auf der Stirn" ist ein Zeichen für den Hinduismus, nicht aber dafür, dass der Film in Indien spielt. Auch kann davon ausgegangen werden, dass niemand in der Klasse indische Schriftzeichen von anderen asiatischen unterscheiden kann. Auf diesen Beobachtungsauftrag sollte daher meines Erachtens verzichtet werden.

Die vorgeschlagenen Fragen zum Verhalten der Erwachsenen gegenüber Munna sowie zur Unterscheidung von Arm und Reich sind als Beobachtungsaufträge weniger gut geeignet. Diese Fragen sind während des gesamten Films präsent. In meinen Augen ist es sinnvoller, nach Beendigung der Filmbetrachtung auf dieses Thema einzugehen.

Die Beobachtungsaufträge zur Kameraführung und Musik hingegen lassen die Schüler „über die möglichen Intentionen der Darstellung nachdenken", wie oft gefordert wird (UHLENWINKEL 2005, S. 58). Nicht nur für Textquellen ist diese Überlegung sinnvoll, sondern auch für andere Medien wie Bilder oder Filme. Nach Ansehen des Films könnte im Plenum über die emotionalen Wirkungen von Kameraführung und Musik diskutiert und mögliche Absichten des Regisseurs aufgezeigt werden.

Zusammenfassend würde ich jedoch darauf verzichten, Beobachtungsaufträge an die Schülerinnen und Schüler zu vergeben. Zwar wird davon ausgegangen, dass dadurch die Wahrnehmung gesteigert wird (vgl. Kapitel 5.1.2), auf der anderen Seite ist die Manipulation der Wahrnehmung aber auch nicht zu vernachlässigen. Die Konzentration der Schülerinnen und Schüler könnte sich eventuell nur auf die vorgegebenen Beobachtungsaufträge richten und mögliche andere interessante Sequenzen könnten übersehen werden. LENZ (2004, S. 44) sieht das ähnlich: „Wenn (…) Beobachtungsaufträge vergeben werden, reduzieren sich die erforderliche Aufmerksamkeit und das Note-taking auf gezielte Abschnitte".

5.2.2.3 Erste Eindrücke sammeln

Ein Wandtafelgespräch eignet sich gut, verschiedene Eindrücke zu sammeln. Durch Einsatz dieser Methode kommen alle Schülerinnen und Schüler „zu Wort". Auch zurückhaltende Personen können ihre Gedanken formulieren, ohne „vor der ganzen Klasse" sprechen zu müssen. Als Alternative zum Wandtafelgespräch würde sich jedoch meiner Ansicht nach das Brainwriting besser eignen. Besonders bei einer großen Klassenstärke ist so die Einbeziehung sämtlicher Schülerinnen und Schüler besser gewährleistet.

Eine Auswertung der eventuell vergebenen Beobachtungsaufträge zur Kameraführung und Musik könnte in das Brainwriting mit einbezogen oder gegebenenfalls anschließend im Plenum vorgenommen werden.

5.2.2.4 Rollenspiel

Das Rollenspiel wird dem Kriterium „Bezug zum Film" in vollem Maße gerecht. Die Schülerinnen und Schüler werden zudem durch die Zweiergruppierung dazu angeregt, selbst aktiv zu werden, was positiv zu bewerten ist. Jede Zweiergruppe hat eine Filmszene einerseits nachzuspielen und muss sich andererseits ein alternatives Ende überlegen und dies dann auch spielen. Ein solches Rollenspiel gibt den Schülerinnen und Schülern die Möglichkeit, „sich in die Lage anderer Kinder hineinzuversetzen" (PIETSCH 2001, S. 6). Die angegebene Zeitspanne von 30 bis 45 Minuten erscheint mir jedoch für diese Aufgabe zu kurz. Wichtiger auch, als das bloße Nachspielen von Filmsequenzen, ist es, sich in die jeweils angesprochene Problematik einzufühlen. Soll beispielsweise die Szene im Elternhaus nachgestellt werden, wäre es sinnvoll, wenn den Schülerinnen und Schülern weiterführende Informationen zu den Lebensverhältnissen armer Bevölkerungsschichten in Indien (vgl. Kapitel 3) zur Verfügung gestellt würden. So könnten sie der Restgruppe beim Vorspielen ihrer Filmszene zusätzlich nützliche Informationen vermitteln.

5.2.2.5 Auswertung Rollenspiel

Die kürzere Auswertung des Rollenspiels sieht vor, dass die von den einzelnen Gruppen entwickelten alternativen Lösungsvorschläge sowie die dabei empfundenen Emotionen der Restgruppe im Plenum vorgestellt werden. Das Vorspielen der Film- und Alternativszenen ist dabei nicht vorgesehen. Daher ist generell die ausführliche Auswertung des Rollenspiels, mit dem angegebenen Zeitrahmen von zwei mal 45 Minuten, eher zu empfehlen. Auf diese Weise können die Gruppen ihre Arbeit den Mitschülerinnen und Mitschülern präsentieren und ihnen, wie bereits in Kapitel 5.2.2.4 angesprochen, gegebenenfalls weitere Informationen zur jeweiligen Thematik vermitteln. So kann auch der Gefahr, dass die Zweiergruppen je nur einen Problembereich aus Munnas Leben betrachten und die anderen, im Film angesprochenen, Probleme in den Hintergrund geraten, vorgebeugt werden.

5.2.2.6 Hintergrundwissen erarbeiten

Der Lesetext „Schuften statt spielen" thematisiert ausschließlich die Kinderarbeit in Entwicklungsländern. Die Ausführungen dieser Hausarbeit haben jedoch verdeutlicht, dass Kinderarbeit nicht das Hauptthema des vorgestellten Films ist. Zum besseren Verständnis der Lebensumstände Munnas und anderer indischer

Kinder armer Bevölkerungsschichten würde also ein Text, der die Ursachen und Konsequenzen der Armut breiter Bevölkerungsgruppen (→ Lebensverhältnisse in Marginalsiedlungen, Kriminalität, Korruption etc. - vgl. dazu Kapitel 3), anspricht, wesentlich besser geeignet sein. Nichtsdestotrotz werden an dieser Stelle die in Anhang 3 angeführten Aufgaben zum Text „Schuften statt spielen" im Hinblick auf die entwickelten Bewertungskriterien analysiert.

Die Aufgaben stehen in keinem Zusammenhang mit dem Film „Die verlorene Brieftasche – Lost and Found". Sie sind nur unter Zuhilfenahme des Textes zu lösen. Der Bezug zum Film ist somit nicht gegeben. Des Weiteren reicht das, in der PISA-Debatte viel kritisierte (BULLINGER u. a. 2002, S. 40), bloße Ablesen der Informationen zur Beantwortung der Fragen. Die Aufgaben sind also ohne Ausnahme unter der Kompetenzstufe III für die Lesekompetenz angesiedelt: sie verlangen ausschließlich die Reproduktion der aufgeführten Fakten. Eine aktive Auseinandersetzung mit dem Text ist nicht notwendig. Ein drastisches Beispiel hierfür stellt bereits Aufgabe 1 dar: „Wie viele Kinder leisten nach einer Schätzung der ILO täglich Arbeit von zum Teil zwölf und mehr Stunden?". Die Textpassage zur Beantwortung lautet: „Eine neue Untersuchung der ILO gibt an, dass 120 Millionen Kinder zwischen fünf und 14 Jahren Tag für Tag schuften und 250 Millionen Kinder stunden- oder wochenweise arbeiten.". Die Beantwortung der übrigen Fragen zeigt ein sehr ähnliches Bild. Die notwendigen Informationen sind weder tief in den Text eingebettet, noch wird den Schülerinnen und Schülern Alltagswissen abverlangt. Ein Textverstehen ist nicht notwendig. Auch wird der Forderung, offene und geschlossene Fragen in einem angemessenen Verhältnis zu verwenden (siehe dazu Kapitel 5.2.1.3), nicht nachgekommen.

Zusammenfassend ist eine solche Aufgabe für den Geographieunterricht in der Sekundarstufe I ungeeignet. Die Schülerinnen und Schüler werden zwar mit Informationen versorgt, die Inhalte müssen dabei aber nicht verstanden sondern lediglich reproduziert werden. Der erzielte Lernerfolg bei Anwendung solcher Aufgabenstellungen ist demnach sehr fraglich.

5.2.2.7 Bewertung der Methodenvielfalt

Die betrachteten Aufgabenstellungen zum Film „Die verlorene Brieftasche – Lost and Found" sind zwar recht vielfältig (→ Beobachtungsaufträge zum Film, ein Wandtafelgespräch, Gespräche im Plenum, ein Rollenspiel mit anschließender Auswertung und Textarbeit), weisen aber, wie oben ausgeführt, zum Teil erhebliche

Schwachstellen auf. Die, in dieser Hausarbeit nicht näher betrachteten, weiterführenden Ideen, greifen noch zusätzliche Methoden auf. Weitere mögliche Unterrichtsaufgaben sind beispielsweise:

- ✓ Die Geschichte weiterdenken
- ✓ Eine eigene Geschichte schreiben
- ✓ Transfer auf die eigene Situation.

6. Alternative Unterrichtsaufgaben

Im Folgenden werden nun alternative Unterrichtsaufgaben entwickelt, die sich anhand der in Kapitel 5.2.1 dargestellten Bewertungskriterien meines Erachtens besser eignen, die im Film angesprochenen Themen zu vertiefen.

6.1 Einführung

Wie bereits in Kapitel 5.2.2.1 angeführt, halte ich es für sinnvoll, auf eine Einführung durch die Lehrerin bzw. den Lehrer zu verzichten. Der Film könnte also, übertrieben ausgedrückt, als „stiller Impuls" eingesetzt werden. Die Schülerinnen und Schüler sollten nicht durch fachliche Vorbemerkungen oder bestimmte Beobachtungsaufträge in eine bestimmte Richtung gedrängt werden. Die ersten Filmsequenzen sollten ohne Kommentare durch die Lehrperson angesehen werden.

6.2 Filmbetrachtung

Während des gesamten Films sollten die Schülerinnen und Schüler darauf verzichten, sich Notizen zu machen. Aus diesem Grund sollten auch vorher keine Beobachtungsaufträge vergeben werden. Die Wahrnehmungen der einzelnen Schülerinnen und Schüler sind unterschiedlich und könnten im Anschluss an den Film einige interessante Aspekte offenbaren. Des Weiteren besteht bei der Vergabe von Beobachtungsaufträgen die Gefahr der einseitigen Konzentration auf gezielte Bereiche (LENZ 2004, S. 44).

6.3 Unterbrechung des Films

Der Film könnte an der Szene, als der andere Schuhputzer Munna davon abrät, die Brieftasche dem Besitzer zurückzubringen, angehalten werden. Die Aufgabe, die zu diesem Zeitpunkt den Schülerinnen und Schülern gestellt wird, könnte wie folgt ausgestaltet werden:

„Warum rät der Junge Munna davon ab, die Brieftasche seinem rechtmäßigen Besitzer zurückzugeben? Welche mögliche Gründe fallen dir dafür ein?"

Jede Schülerin/ jeder Schüler schreibt in einem Zeitrahmen von circa fünf Minuten selbstständig einige Stichpunkte und Gedanken dazu auf. Danach werden die Schreibutensilien wieder weggelegt und der Film ohne weitere Unterbrechungen bis zum Schluss angesehen. Nach Ende des Films können im weiteren Unterrichtsverlauf die Gedanken der Schülerinnen und Schüler diesbezüglich in kleinen Gruppen verglichen und ausgewertet werden. Haben sich Vorurteile und Ahnungen bestätigt oder sind ganz andere Aspekte hinzugekommen?

Durch diese Übung haben die Schülerinnen und Schüler die Möglichkeit, sich für fünf Minuten in das Thema des Films zu vertiefen. Außerdem kann dadurch zusätzliche Spannung auf den weiteren Filmverlauf erzeugt werden.

6.4 Brainwriting

In Kleingruppen à fünf Schülerinnen bzw. Schüler wird auf, durch die Lehrperson vorbereitete, Tabellenblätter ein Brainwriting (vgl. dazu http://www.infoquelle.de/ Management/Kreativitaet/Brainwriting.htm) durchgeführt. Mögliche Themen dafür könnten sein:

- ✓ Lebens- und Wohnverhältnisse armer Bevölkerungsschichten in Indien
- ✓ Das Verhältnis der reichen zur armen Bevölkerungsschicht
- ✓ Überheblichkeit der Erwachsenen gegenüber Kindern
- ✓ Kriminalität in Armutsgebieten

Die Schülerinnen und Schüler schreiben Begriffe, Fragen oder Gedankengänge auf den von Gruppenmitglied zu Gruppenmitglied wandernden Bogen und beantworten bzw. kommentieren die Stichpunkte der anderen Teilnehmer. Im Anschluss an diese Übung können die Gruppen im Plenum ihre wesentlichen Ergebnisse präsentieren.

Das Brainwriting setzt eine differenzierte Wahrnehmung der Schülerinnen und Schüler voraus. Der Vorschlag, auf einführende fachliche Bemerkungen sowie Beobachtungsaufträge zu verzichten, wird hier also bekräftigt. Die Wahrnehmungen werden nicht in eine bestimmte Bahn gelenkt und die Chance auf vielfältige Gedanken und Ideen erhöht sich.

Eine Überlegung wäre es, den Gruppen jeweils andere Themen zur Bearbeitung zu geben. So könnten die verschiedensten angesprochenen Gegenstände des Films aufgegriffen und das Interesse der Schülerinnen und Schüler an der anschließenden Ergebnispräsentation erhöht werden.

6.5 Übertragung auf die eigene Kindheit - Hausaufgaben

Besonders bei den Punkten Desinteresse, Bevormundung, Ärger mit den Eltern etc. lassen sich Parallelen zwischen Munna`s und dem Leben der in Deutschland zur Schule gehenden Kinder finden. Machen sich die Schülerinnen und Schüler dies bewusst, erscheint der Film gar nicht mehr so weit weg. Vielleicht kann der ein oder andere Schüler/ die ein oder andere Schülerin eine Situation schildern, in der ihm/ ihr auch niemand glaubte oder aber in der er/ sie etwas Gutes tun wollte, dafür aber Ärger mit Erwachsenen bekam. Solch reelle oder aber fiktive Situation könnte das Thema einer Hausaufgabe sein, um sich auch nach dem Unterricht noch weiter mit den Filminhalten zu beschäftigen. Möglich wäre dabei das Vorspielen eines Sketches (in Gruppenarbeit), die Anfertigung einer Collage oder aber die schriftliche Ausarbeitung eines solchen Fallbeispiels jeweils mit Präsentation in der nächsten Unterrichtsstunde. Durch dieses differenzierte Angebot an Aufgaben kann jede Schülerin/ jeder Schüler das für sie/ für ihn am besten geeignete bzw. ansprechendeste wählen, was zu einer erhöhten Lernmotivation führt. Für die Lehrerin/ den Lehrer bietet die Darstellung verschiedener reell erlebter Situationen oder Auffassungen ihrer/ seiner Schülerinnen und Schüler die Möglichkeit, Einblicke in deren Ansichten und Vorstellungen zu gewinnen.

6.6 Weitere Themen

Wie bereits erläutert deckt der Film, neben dem Verhältnis von Kindern zu Erwachsenen, der Kinderarbeit und Armutsproblematik in Entwicklungsländern bzw. speziell in Indien, diverse andere Themenbereiche ab. So könnte im weiteren Unterrichtsverlauf beispielsweise die Problematik der Korruption in armen Gesellschaften angesprochen und mit entsprechenden Texten, Bildern oder anderen Abbildungen visualisiert werden. Bei der Erstellung oder Auswahl von Texten ist zu beachten, dass die für die Fragenbeantwortung wesentlichen Inhalte auch durch weniger relevante Informationen ergänzt und „versteckte" Informationen in den Text eingebaut werden, denn: „ohne die weniger relevanten Informationen wäre (…) nicht festzustellen, ob die Schüler die offensichtlichen oder versteckten relevanten Informationen tatsächlich lokalisieren können" (UHLENWINKEL 2005, S. 56).

7. Fazit

Zur Thematisierung von Kinderarbeit in Entwicklungsländern sind andere Filme auf der DVD „Kinderwelt – Weltkinder", wie beispielsweise „Die Scooterfahrer" besser geeignet, da dort der Alltag von arbeitenden Kindern stärker thematisiert wird als im hier vorgestellten Film. Die beiliegenden Unterrichtsaufgaben fokussieren zu stark das Thema Kinderarbeit, obwohl im Film hauptsächlich auf die Themen Vorurteile gegenüber (armen) Kindern, Korruption, Kriminalität etc. eingegangen wird. In der vorliegenden Hausarbeit wurden einige Schwachstellen in den vorgegebenen Aufgaben herausgearbeitet und mögliche Änderungsvorschläge angedeutet. Des Weiteren wurde versucht, mit Hilfe vielfältiger Methoden einige denkbare Alternativaufgaben zu entwickeln, die die Weiterarbeit nach dem Ansehen des Films effektiver als die kritisierten Aufgaben gestaltet.

Literaturverzeichnis

ARTELT, C.; STANAT, P.; SCHNEIDER, W.; SCHIEFELE, U. 2001: Lesekompetenz: Testkonzeption und Ergebnisse. In: BAUMERT, J.; KLIEME, E.; NEUBRAND, M.; PRENZEL, M.; SCHIEFELE, U.; SCHNEIDER, W.; STANAT, P.; TILLMANN, K.-J.; WEIß, M. (Hrsg.): PISA 2000. Basiskompetenzen von Schülerinnen und Schülern im internationalen Vergleich. Opladen. S. 69 – 137.

BEUSCHER, E.; ROEBERS, C.; SCHNEIDER, W., 2005: Was erinnern Kinder von Lernfilmen? In: Psychologie in Erziehung und Unterricht, Band 52, Heft 1, S. 51 – 65.

BOHLE, H.-G., 2004: Indien heute. In: Geographie heute, Heft 221/ 222, S. 2 – 5.

BRONGER, D., 1996: Indien. Größte Demokratie der Welt zwischen Kastenwesen und Armut. Gotha.

BULLINGER, R.; HIEBER, U.; LENZ, T., 2002: PISA. Didaktische und methodische Konsequenzen für den Geographieunterricht. In: Geographie heute, Heft 204, S. 40 – 45.

DITTRICH, C., 2003: Bangalore: Polarisierung und Fragmentierung in Indiens Hightech-Kapitale. In: Geographische Rundschau, Jg. 55, Heft 10, S. 40 – 45.

DOMRÖS, M., 2004: Bevölkerungsexplosion versus Kindersegen. Indiens gesellschaftliches Dilemma. In: Geographie heute, Heft 221/ 222, S. 34 – 38.

GRANER, E., 2002: Weltwirtschaft und Weltgesellschaft. Zur Diskussion über Kinderarbeit in Nepals Teppichmanufakturen. In: Geographische Rundschau, Jg. 54, Heft 10, S. 18 – 23.

LENZ, T., 2004:   Filme im bilingualen Geographieunterricht. In: Geographie heute, Heft 218, S. 43 – 45.

LENZ, T., 2003:   Leistungsüberprüfung und Leistungsbewertung im bilingualen Geographieunterricht. In: Geographie und Schule, Heft 143, S. 38 – 45.

LIEBEL, M., 2005:   Kinder im Abseits. Kindheit und Jugend in fremden Kulturen. Weinheim, München.

LIEBEL, M., 2001:   Kindheit und Arbeit. Wege zum besseren Verständnis arbeitender Kinder in verschiedenen Kulturen und Kontinenten. Frankfurt am Main, London.

PIETSCH, I., 2001:   Kinder arbeiten – hier und anderswo. In: Eine Welt in der Schule, Heft 1, S. 4 – 12.

UHLENWINKEL, A., 2005:   PISA-Aufgaben sind anders. In: Praxis Geographie, Heft 9, S. 56 – 59.

WAMSER, J., 2005:   Bombay (Mumbai). Unvorstellbare Disparitäten in der reichsten Stadt Indiens. In: Geographie und Schule, Heft 157, S. 31 – 35.

WEBER, E., 1997:   Globalisierung und politische Ökonomie der Armut in Indien. Limbach.

Internetquellen

http://www.infoquelle.de/Management/Kreativitaet/Brainwriting.htm
(letzter Zugriff am 30.03.2007), Infoquelle.

Anmerkung der Autorin

Im Rahmen des Seminars „Methoden des Geographieunterrichts: von Filmen lernen" wurden diverse (Lern-)Filme zum Thema Kinderarbeit in Entwicklungsländern gesehen und analysiert. Die, einigen Filmen, beigefügten Unterrichtsvorschläge wurden dabei kritisch hinterfragt, etliche Schwachstellen aufgedeckt und Alternativvorschläge entwickelt. Die vorliegende Hausarbeit orientiert sich an den im Seminar geführten Diskussionen und analysiert und bewertet die vorgestellten Unterrichtsmaterialien in ähnlicher Form. Eine fachliche Auseinandersetzung mit dem Thema Kinderarbeit erfolgt nicht hauptsächlich aufgrund des vorgestellten Films, der meines Erachtens andere Themen deutlicher hervorhebt, sondern dient der Zusammenfassung der im Seminar gewonnenen Erkenntnisse bezüglich dieses Gegenstandes.

Anhang

Anhang 1 – Didaktische Umsetzung

Teilziele	Methode	Minuten
Einführung	Die Lehrperson kündigt den Kindern einen Film aus Indien an. Je nach Klassenstufe ist ein Blick auf die Weltkarte, das mündliche Zusammentragen von Vorwissen oder eine Kurzinformation durch die Lehrperson sinnvoll.	10
Visionieren	Anschauen des Filmes ohne Unterbrechung. Eventuell können folgende Beobachtungsaufträge die Wahrnehmung steigern: • Wie Verhalten sich die Erwachsenen gegenüber Munna? • Woran bemerkst du, dass der Film in Indien spielt? • Wie werden Arm und Reich unterschieden? • Wie ist die Kameraführung bei den Verfolgungsjagden, wo ist die Kamera? • Wie unterstützt die Musik die Filmhandlung?	25
Erste Eindrücke sammeln	In einem «stummen Wandtafelgespräch» notiert jedes Kind in wenigen Stichworten das, was es im Film als am bewegendsten empfunden hat. Zu Beiträgen von Mitschülerinnen und -schülern kann es sich ebenfalls auf der Wandtafel äussern. Alternativ können die Beobachtungsaufträge mündlich ausgewertet werden.	10–15
Rollenspiel, vertiefte Bearbeitung ausgewählter Aspekte des Films	In Zweiergruppen spielen die Kinder die auf dem Arbeitsblatt (Seite 6) skizzierten Szenen. Im ersten Durchgang spielen die Kinder die Szene wie im Film, beim zweiten versuchen sie, eine andere Lösung der Situation zu finden. Die Lehrperson achtet bei der Zusammenstellung der Gruppen auf die Ausgewogenheit der Geschlechter (Aufteilung, Rollenverteilung) oder arbeitet bewusst mit geschlechtergetrennten Gruppen. Je nach Zeitbudget kann jede Szene zweimal mit vertauschten Rollen oder mit verschiedenen Ausgängen gespielt werden.	30–45
Auswertung Rollenspiel, Kurzfassung Auswertung Rollenspiel, ausführliche Fassung	Im Plenum berichten die Gruppen von ihren Erfahrungen, ihren Gefühlen und den Lösungen, die sie gefunden haben. Jede (oder ausgewählte) Gruppe spielt ihre Szene vor. Die Schauspielerinnen und Schauspieler schildern anschliessend ihre Gefühle. Die anderen Kinder schlagen alternative Verhaltensweisen vor und übernehmen dafür in einem weiteren Durchgang die entsprechende Rolle.	60 oder 2 x 45
Hintergrundwissen erarbeiten	Um den Film nicht nur losgelöst von der Situation in Indien zu betrachten, lernen die Kinder Fakten und Ursachen von Kinderarbeit in südlichen Ländern kennen. Die Arbeitsblätter (Seiten 8-10) werden in Einzelarbeit gelöst und anschliessend besprochen. Denkbar und je nach Verlauf als zusätzliche Anregung sinnvoll ist die Bearbeitung dieser Arbeitsblätter zwischen zwei Blöcken «Auswertung Rollenspiel».	45–60

Schuften statt spielen

Auf unserer Welt arbeiten 300 Millionen Kinder, viele werden brutal ausgebeutet.

Mithun durchsucht die Müllhaufen in Bombay nach Plastik und Alufolie und verkauft seine Ausbeute an einen Müllhändler. Mo bedient jeden Tag die Freier, die scharenweise in das Bordell in Bangkok kommen. Djedje pflückt während der Erntezeit zusammen mit Eltern und Geschwistern von morgens bis abends Kaffeebohnen. Jane ist am Ende ihrer Karriere als Turnerin, weil ihre Wirbelsäule wegen zu hoher Belastungen schwer geschädigt ist. Betty näht jeden Tag zehn Stunden lang Puppenkleider im Industriegebiet von Medan in Indonesien. Alberto schleppt Kohleloren durch die Stollen eines Schachtes in Bolivien.

Mithun ist acht Jahre alt, Mo zwölf, Djedje sieben, Jane, Betty und Alberto sind 13. Sie sollten eigentlich zur Schule gehen und genug Freizeit haben, sie sollten vor Ausbeutung und gefährlicher Arbeit geschützt sein. So zumindest wollen es die Kinderrechtskonvention der Vereinten Nationen, die Vereinbarungen der Internationalen Arbeitsorganisation (ILO) und die Gesetze ihrer Länder.

Kinderarbeit ist fast überall auf der Welt verboten und dennoch eine Massenerscheinung. Laut UNO arbeiten weltweit 300 Millionen Kinder unter 15 Jahren. Eine neue Untersuchung der ILO gibt an, dass 120 Millionen Kinder zwischen fünf und 14 Jahren Tag für Tag schuften und 250 Millionen Kinder stunden- oder wochenweise arbeiten. 140 Millionen Kinder zwischen sechs und elf Jahren gehen laut UNESCO nicht zur Schule – das ist ein Viertel der Kinder in den Entwicklungsländern –, auch dies ein Indikator für Kinderarbeit.

Kinderarbeit ist unsichtbar

Nicht alle diese Kinder arbeiten unter Bedingungen, die ausbeuterisch sind. Wer während der Ernte mithilft, wer zu Hause im Haushalt anpackt, wer Zeitungen austrägt oder kleine Kinder hütet, wird vielleicht zuweilen keine Lust zu dieser Arbeit haben – Ausbeutung liegt hier aber sicher nicht vor. Kritisch wird die Sache, wenn solche an sich ungefährlichen Arbeiten von sehr kleinen Kindern verrichtet werden, wenn sie so viel Zeit in Anspruch nehmen, dass Kinder die Schule vernachlässigen oder keine Zeit zum Spielen mehr haben. Eine Definition ausbeuterischer Kinderarbeit muss viele Aspekte berücksichtigen: Das Alter eines Kindes ist dabei ebenso wichtig, wie die Anzahl der Arbeitsstunden oder die Frage, ob Kinder nachts arbeiten. Kinder sollten nicht an gefährlichen Orten arbeiten, wie zum Beispiel in Bergwerken oder Steinbrüchen. Kinder sollten keine Arbeit tun, die ihre Gesundheit gefährdet, etwa durch Chemikalien, schlechte Luft, grosse Hitze oder Kälte, einseitige Haltung, schlechte Lichtverhältnisse, zu schwere Lasten. Kinder sollten nicht wie Sklaven gehalten werden, als Schuldknechte oder Leibeigene dienen müssen. Und schliesslich sollten Kinder sich nicht prostituieren müssen, keinerlei Kriegsdienste verrichten müssen, nicht als Drogenkuriere oder Helfer bei anderen kriminellen Taten eingesetzt werden.

Wie viele Kinder auf solche Weise ausgebeutet werden, weiss niemand. Kinderarbeit ist unsichtbar: Zum einen versuchen natürlich alle, die Kinder in krimineller Weise ausbeuten, diese Tatsache zu verstecken. So schuften viele Kinder tatsächlich im Verborgenen, als Schuldknechte in Verschlägen, als Prostituierte in Bordellen, als Dienstmädchen in Haushalten. Zum anderen sind Mädchen und Jungen zwar auf Strassen und Plätzen, in Fabriken und auf Feldern bei der Arbeit zu sehen – in amtlichen Statistiken aber tauchen sie nicht auf. Über 90 Prozent der arbeitenden Kinder dieser Welt sind im sogenannten informellen Sektor tätig, also dort, wo es keine festen Anstellungen, keine Arbeitsverträge, keine Lohnlisten, keine Kranken- und Sozialversicherung und weder Gewerkschaften noch Gewerbeaufsicht gibt: Sie sind Schuhputzer, Zeitungsverkäufer, Kellner, Lastenträger und Müllsammler in den Städten, Landarbeiter und Erntehelfer in Plantagen oder auf den Feldern der Familie, Dienstmädchen im fremden Haushalt oder Ganztagshilfen zu Hause.

Zwischen fünf und sieben Prozent der Kinderarbeiterinnen und Kinderarbeiter schuften nicht für heimische Märkte, sondern für den Export. Selbst wenn alle Unternehmen und Verbraucher fair handeln und soziale Mindeststandards einhalten würden, gäbe es zwar mehr Waren ohne Kinderarbeit, aber kaum weniger arbeitende Kinder. Vor allem dann, wenn Kinder zwar aus Fabriken entlassen werden, aber niemand sich um vernünftige Alternativen für sie kümmert. So sind Kinder gezwungen, andere Arbeit zu suchen und landen vielleicht in unsicheren und noch ausbeuterischeren Verhältnissen.

Die Wirtschaft wächst, die Kinderarbeit auch

Dennoch muss die Frage gestellt werden, wieso Kinder überhaupt in Exportbranchen arbeiten. Angesichts der aus unserer Sicht sehr geringen Mindestlöhne für Erwachsene scheint sich der Einsatz von noch billigeren Kinderarbeiterinnen oder Kinderarbeitern doch kaum zu lohnen. Textilarbeiterinnen oder Textilarbeiter in Indien zum Beispiel verdienen zwischen 40 und 80 Rupien pro Tag, das sind ein bis zwei Euro. Kinder bekommen knapp die Hälfte davon. Die Preise für Textilien würden sich vielleicht um ein paar Cents erhöhen, die Gewinne der hiesigen Verkäufer wären kaum betroffen. Für die Herstellerfirma in Indien allerdings kommt es auf diese paar Cents an – sie bekommt Dumpingpreise für die Fertigung und erhöht ihren Gewinn mit jedem Kind, das soviel leistet wie ein Erwachsener, aber weniger als die Hälfte des Lohns bekommt.

Deshalb kann in Städten und Regionen, in denen sich neue Produktionsstätten ansiedeln, die Nachfrage nach Kinderarbeitern wachsen – und Wirtschaftswachstum tatsächlich mehr Kinderarbeit nach sich ziehen. Diese nur auf den ersten Blick absurde Entwicklung tritt selbst dann ein, wenn in den Fabriken keine Kinder arbeiten. Obwohl in wachsenden Industriezentren die Menschen doch nun endlich beginnen, Geld zu verdienen, kommt es zu Verelendung. Bekanntlich verlagern Firmen ihre Produktion dorthin, wo die Löhne und die Abgaben an den Staat niedrig sind. Weder die Familienkassen noch die Staatskassen füllen sich also automatisch und ausreichend, wenn die Industrie wächst. So reichen die Gehälter der Erwachsenen oft nicht zum Überleben, denn schliesslich sind auch die Kosten gestiegen: In der Stadt gibt es das kleine Stück Land nicht mehr, auf dem man Gemüse zog und ein paar Tiere hielt. Alles muss gekauft werden. Kinder müssen mitarbeiten, und entweder den Haushalt führen, wenn die Eltern weg sind, oder ebenfalls Geld verdienen.

Wie viel eine vernünftige Sozialpolitik auch im Hinblick auf Kinderarbeit erreichen kann, selbst wenn ein Land nicht zu den Reichen gehört, zeigt der indische Bundesstaat Kerala. Die Regierung hat überall genügend Schulen gebaut und mit Kampagnen für den Schulbesuch geworben. Das Gesundheitswesen bietet für jeden eine kostenlose Grundversorgung. Die Alphabetisierungsrate ist in Kerala so hoch wie nirgendwo sonst in Indien, Kinderarbeit gibt es kaum.

Ausbeutung beruht nicht nur auf Armut

Nicht nur Wirtschafts- und Sozialpolitik spielen eine Rolle bei der Frage, wer arbeiten muss. Vorstellungen über den Wert eines Kindes entscheiden diese Frage mit: In vielen Familien werden die Jungen zur Schule geschickt, die Mädchen aber müssen im Haushalt arbeiten oder Geld verdienen. In fast allen Ländern der Erde werden bestimmten Bevölkerungsgruppen die dreckigsten und niedrigsten Arbeiten zugewiesen. Wen stört es schon, wenn solche Leute sich schon früh an diese Arbeit gewöhnen? Das betrifft nicht nur die Unberührbaren in Indien oder die ethnischen Minderheiten und eingeborenen Völker Lateinamerikas und Südostasiens. Auch die Schwarzen in den USA und die Türken in Deutschland, Österreich und der Schweiz können davon ein Lied singen.

Wer wirksam gegen ausbeuterische Kinderarbeit vorgehen will, muss also viele verschiedene Dinge beachten. Staaten müssen ein Erziehungswesen aufbauen, das Schulpflicht für alle vorsieht und kostenlosen, interessanten Unterricht in erreichbarer Nähe bietet. Erwachsene müssen überzeugt werden, dass Minderwertigkeit eine Kategorie ist, die auf Menschen nicht angewandt werden kann: Alle Kinder haben Rechte, auch Mädchen, Unberührbare oder Fremde. Gesundheitssysteme müssen die Grundversorgung für alle sichern und ausschliessen, dass Familien sich verschulden müssen, um eine Operation zu bezahlen.

Auszugsweise zitiert nach «terre des hommes Deutschland», www.tdh.de

Anhang 3

Begleitfragen zum Lesetext Kinderarbeit

Lies den Text „Schuften statt spielen" durch und versuche anschließend, die Fragen
dazu zu beantworten. Dazu musst du sicher immer wieder im Text nachlesen.

1. Wie viele Kinder leisten nach einer Schätzung der ILO täglich Arbeit von zum
   Teil zwölf und mehr Stunden?
2. Wie viele Kinder zwischen sechs und elf Jahren gehen laut der UNESCO nicht
   zur Schule?
3. Wann spricht man von ausbeuterischer Kinderarbeit? Nenne drei Beispiele.
4. Unter welchen Bedingungen darf man Kinder nicht arbeiten lassen? Zähle vier
   bis sechs verbotene Punkte auf.
5. Kinder arbeiten oft im so genannten informellen Sektor. Welche Arbeiten
   verrichten sie beispielsweise? Nenne drei Beispiele.
6. Der Boykott von Waren in den reichen Ländern, die mit Kinderarbeit produziert
   wurden, kann manchmal etwas bewegen. Trotzdem, auch wenn gar keine
   Produkte, die von Kindern hergestellt werden, exportiert würden, könnte damit
   das Kinderarbeitsproblem nicht gelöst werden, weshalb?
7. Was können die Gründe dafür sein, dass eine Familie ihre Kinder arbeiten
   lassen muss?
8. Im indischen Bundesstaat Kerala (das entspricht einem Bundesland in
   Deutschland und Österreich oder einem Kanton in der Schweiz) gibt es kaum
   mehr Kinderarbeit, weshalb?
9. Wenn Kinderarbeit wirksam bekämpft werden soll, müssen viele Maßnahmen
   in die Wege geleitet werden, zähle einige auf.
10. Was hat dich an diesem Text am meisten beeindruckt?

Notiere hier Begriffe/ Wörter aus dem Text, die du gerne von deiner Lehrerin, von
deinem Lehrer erklärt haben möchtest.